ISBN: 978-1495499272
Copyright 2014 Rochester Books

Disclaimer

Acknowledgement

The earth has resources that we use for things such as heat, food, water and electricity. If we use up all the coal, oil, and other fuels that are in the earth, it may have a negative impact in the future, and farming and other resources may be difficult to produce.

Our planet needs to be clean so we can have clean air and surroundings. The forest needs the trees, so the animals can keep their home. That's why recycling paper and cardboard is important. Other materials are very important to recycle too like plastic, steel and aluminum cans.

Reconocimiento

La tierra tiene recursos que usamos para cosas tales como el calor, la comida, el agua y la electricidad. Si utilizamos todo el carbón, el petróleo y otros combustibles que se encuentran en la tierra, puede tener un impacto negativo en el futuro, y la agricultura y otros recursos puede ser difícil de producir.

Nuestro planeta tiene que estar limpio para que podamos tener un aire limpio y sus alrededores. El bosque necesita de los árboles, por lo que los animales pueden mantener su hogar. Es por eso que el reciclaje de papel y cartón es importante. Otros materiales son muy importantes para reciclar también como latas de plástico, acero y aluminio.

GOING GREEN WITH ZEE

Z. Johnson
G. C. Rochester

What does going green mean?

If we conserve the earth's resources now, then we might be able to have available resources in the future. Some of the earth's resources are oil, soil for farming, trees, and coal.

¿Qué pasa media verde?

Si conservamos recursos de la tierra ahora, entonces es posible que podamos contar con los recursos disponibles en el futuro. Algunos de los recursos del planeta son el aceite, el suelo de cultivo, los árboles, y el carbón.

What can conserving resources do?

Conserving the earth's resources can help ensure that those resources may be available for use in the future. Reusing paper helps to cut down on eliminating so many trees.

¿Qué pueden hacer conservación de los recursos?

La conservación de los recursos del planeta puede ayudar a asegurar que esos recursos pueden estar disponibles a nosotros para su uso en el futuro. La reutilización de papel ayuda a reducir la eliminación de tantos árboles.

What can over use of the earth's resources do?

Our over use of fuel can contribute to polluting the air we breathe. It can create acid rain, which means chemicals mixed with the rain. It can also increase global warming.

Lo que puede sobre el uso de los recursos del planeta hacer?

Nuestro uso excesivo de combustible puede contribuir a la contaminación del aire que respiramos. Se puede crear la lluvia ácida, lo que significa que los productos químicos se mezclan con la lluvia. También puede aumentar el calentamiento global.

What does it mean to recycle?

Once we finish with certain materials, it can be reused to make new products. This is called recycling. Recycle things such as paper, plastic and aluminum cans. Separate each item, if you can.

Qué significa para reciclar?

Una vez que terminemos con ciertos materiales, que puede ser reutilizado para fabricar nuevos productos. Esto se conoce como reciclado. Recicle cosas como papel, plástico y aluminio. Separe cada artículo, si es posible.

Do you recycle cardboard?

I do. My family and I read about recyclable materials, and found out that cardboard can be reused to create new paper bags and new cardboard.

¿Se recicla cartón?

Que hago. Mi familia y yo leímos acerca de los materiales reciclables, y se enteró de que el cartón se puede reutilizar para crear nuevas bolsas de papel y nuevas cartón.

Do you recycle steel?

Recycled steel can be used to make bicycle parts, car parts and new cans.

Se recicla el acero?

El acero reciclado se puede utilizar para hacer piezas de bicicleta, piezas de automóviles y nuevas latas.

What about plastic bottles?

Water bottles, milk gallons, juice and soda bottles made of plastic can be recycled to create backpacks, carpet, clothing and much more.

¿Qué pasa con las botellas de plástico?

Botellas de botellas de agua, galones de leche, jugos y refrescos hecho de plástico se pueden reciclar para crear mochilas, alfombras, ropa y mucho más.

Are there any other plastics that can be recycled?

Yes. Other plastics can be recycled to make outdoor furniture. Did you know that the longest bridge was made out of recycled plastic? Well it was.

¿Hay otros plásticos que puede ser reciclado?

Sí. Otros plásticos pueden ser reciclados para la fabricación de muebles al aire libre. ¿Sabíausted que el puente más largo fue hecho de plástico reciclado? Bueno, lo era.

What about notebook paper?
Can we recycle that?

Yes, and guess what? Facial tissue and toilet paper come from recycled notebook paper.

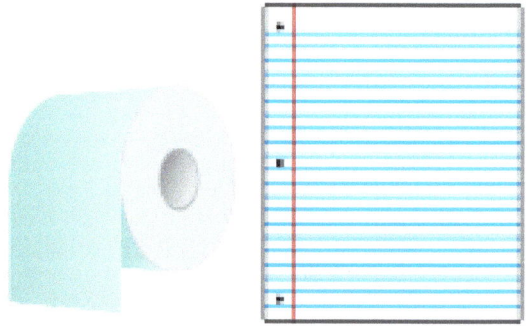

¿Qué pasa con el papel del cuaderno? ¿Podemos reciclar eso?

Sí, y ¿adivinen qué? Pañuelos faciales y papel higiénico provienen de papel de cuaderno reciclado.

Can you think of anything else that can reduce pollution and fuel ?

Yes, carpooling and reducing energy from industrial plants that pollute the air we breathe can cut down on pollution and fuel use.

¿Puedes pensar en cualquier otra cosa que pueda reducir la contaminación y el combustible?

Sí, uso compartido del coche y la reducción de la energía desde plantas industriales que contaminan el aire que respiramos puede reducir la contaminación y el uso de combustible..

Are there any other ways to help your parents save energy?

Yes. By turning off the lights and electric appliances when leaving a room, we can save energy and reduce the electric bill. We can turn off the water when we brush our teeth, and take shorter showers to add savings to the water bill. Another thing we can do is to keep doors and windows shut to keep heat or air conditioning from escaping. Our parents can lower the thermostat a few degrees.

¿Hay otras maneras de ayudar a sus padres a ahorrar energía?

Sí. Al apagar las luces y los aparatos eléctricos al salir de una habitación, nos podemos ahorrar energía y reducir la factura de electricidad. Podemos apagar el agua cuando nos cepillamos los dientes, y tomar duchas más cortas para añadir el ahorro de la factura del agua. Otra cosa que podemos hacer es mantener las puertas y ventanas cerradas para mantener el calor o el aire acondicionado se escape. Nuestros padres pueden bajar el termostato unos pocos grados.

I hope you enjoyed reading about going green and recycling. I have put together definitions to help you understand some of the terms in this book.

acid rain – wet and dry deposited material from the atmosphere.

Espero que hayan disfrutado leyendo acerca de ir verde y el reciclaje. He reunido definicionespara ayudarle a comprender algunos de los términos utilizados en este libro.

la lluvia ácida - material depositado en húmedo y seco de la atmósfera.

chemicals – substances such as sulfur, nitrogen, and oxygen

productos químicos - sustancias tales como azufre, nitrógeno, y oxígeno

conserve – protect

conservar - proteger

contribute – to give for a cause

contribuir - a dar por una causa

elimination – to remove or to get rid of

eliminación - eliminar o deshacerse de

global warming – increase in temperature near the surface of the earth

el calentamiento global - aumento de la temperatura cerca de la superficie de la tierra

world's longest bridge – the Dawyck Estate river crossing in Peeblesshire, Scotland measures 30 meters in length and made entirely out of waste plastic products.

el puente más largo del mundo - el cruce del río Dawyck Locales en Peeblesshire, Escocia mide 30 metros de largo y hecha enteramente de productos plásticos de desecho.

resources – assests available including people, equipment, and facilities.

Recursos - assests disponibles, incluyendo las personas, los equipos y las instalaciones.

separate – move apart

separado - se separen

surroundings – things and conditions around a person or thing.

Alrededores - cosas y condiciones en torno a una persona o cosa.

About the Author

Zamire has been a protagonist in the storybooks written by his grandmother, Geneva Rochester, since he was five years old. Approaching ten, he realized that his grandmother's name was on all the books written about him, and decided it was time for him to be an author too.

Zamire chose a book about recycling because it is one of the chores he has to do on a daily basis. He also wants to share his important task with others, so that in the future, others will not forget what to do. He says, he wants to contribute towards his future in a good way.

Sobre el autor

Zamire ha sido protagonista de los libros de cuentos escritos por su abuela, Geneva Rochester, desde que tenía cinco años de edad. Acercarse a las diez, se dio cuenta de que el nombre de su abuela estaba en todos los libros escritos sobre él, y decidió que era el momento para que él sea el autor también.

Zamire eligio un libro sobre el reciclaje, ya que es una de las tareas que tiene que hacer sobre una base diaria. Él también quiere compartir su importante labor con los demás, para que en el futuro, otros no olvidará lo que debe hacer. Él dice, que quiere contribuir en su futuro en el buen sentido.

Sources

USGS
http://pubs.usgs.gov/gip/acidrain/2.html

Key terms
www.epa.epasearch/

Worlds longest recycled bridge spans Scottish River
www.matteroftrust.org/

Clipart
www.openclipart.org/

More books published by Rochester Books

Zamire's Bike Ride Adventure

First Day of Kindergarten

What About Terrible Two's, He's Three

Things a Toddler Observe

Numbers with the Animals

Day at the Beach

What Can I Do? What Can I Do?

The Gossip, the Bully, and the Attention Seeker

Ask bookstores and libraries for availability. Also available on Amazon.com and Kindle.

Rochester Books